U0335825

图书在版编目（CIP）数据

海洋生命——与海洋生命面对面 /（英）卡罗琳·富兰克林著、绘；黄丹彤译. —广州：新世纪出版社，2017.11（2018.7重印）
（奇妙世界）
ISBN 978-7-5583-0732-4

Ⅰ. ①海… Ⅱ. ①卡… ②黄… Ⅲ. ①海洋生物—少儿读物 Ⅳ. ①Q178.53-49

中国版本图书馆CIP数据核字（2017）第200943号

海洋生命——与海洋生命面对面
Haiyang Shengming——yu Haiyang Shengming Mian Dui Mian

出 版 人：姚丹林
策划编辑：王 清 秦文剑
责任编辑：秦文剑 米洁玢
责任技编：王 维
封面设计：高豪勇

出版发行：新世纪出版社
（广州市大沙头四马路10号）
经 销：全国新华书店
印 刷：东莞市翔盈印务有限公司
规 格：889mm×1194mm 开 本：16开
印 张：2 字 数：14千
版 次：2017年11月第1版 印 次：2018年7月第3次印刷
定 价：28.00元

质量监督电话：020-83797655 购书咨询电话：020-83781537

海洋生命

——与海洋生命面对面

［英］卡罗琳·富兰克林◎著/绘　黄丹彤◎译

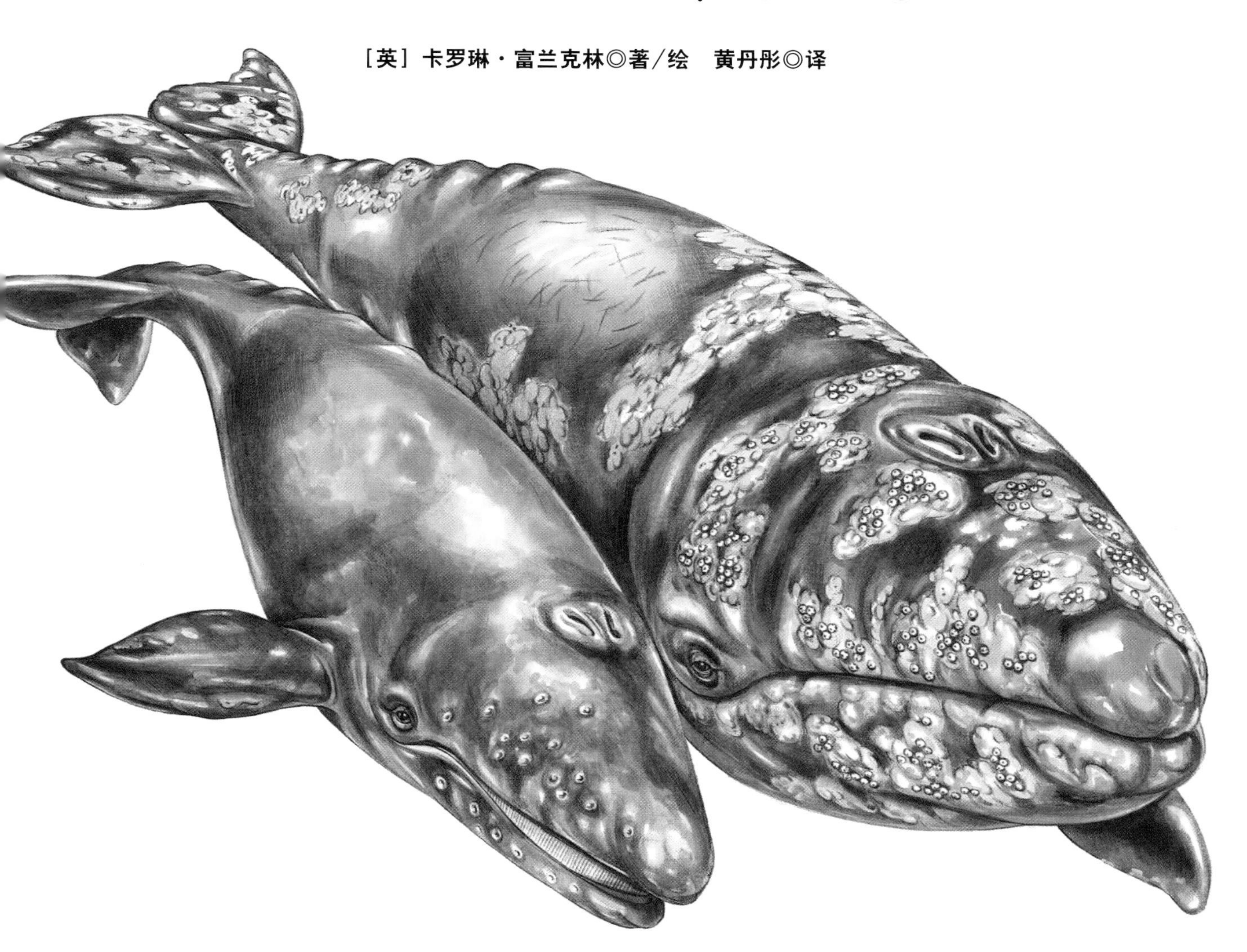

SPM
南方出版传媒
新世纪出版社
·广州·

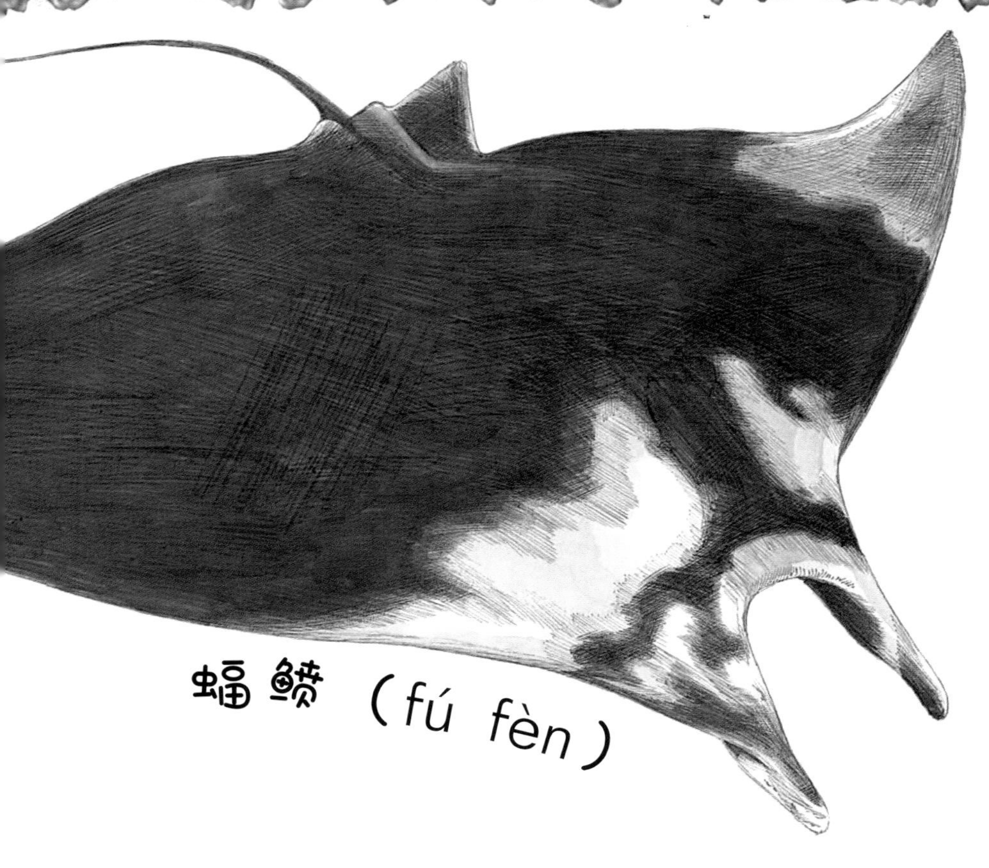

文图作者：

卡罗琳·富兰克林毕业于英格兰布莱顿艺术学院，专攻设计和插画专业。她从事卡通制作和广告行业，而且是多部儿童自然历史书籍的作者和插画家。

顾　　问：

彼特·琼斯是动物科学方面的研究负责人，曾获得动物科学（荣誉）理学学士学位。

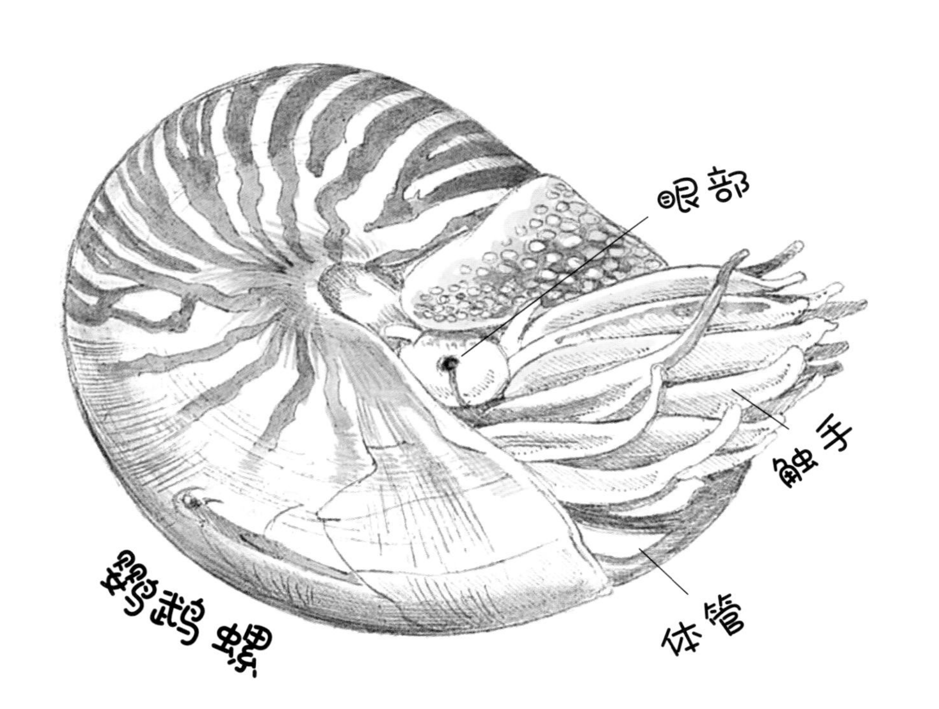

鹦鹉螺有一个非常大的外壳，内有90只触手。鹦鹉螺的躯体居住在外壳中，通过体管向外喷射水进行游动。

海洋生命

——与海洋生命面对面

目录

海洋里生活着什么？ 5
海岸泥沙中生活着什么？ 6
岩石上生活着什么？ 8
接近海面的水层里生活着什么？ 10
海底生活着什么？ 12
海洋深处生活着什么？ 14
什么是珊瑚礁？ 16
海洋里有哪些鱼？ 18
海洋里有哪些哺乳动物？ 20
海洋里有鸟类吗？ 22
什么是食物链？ 24
冰川下生活着什么？ 26
什么是迁徙？ 28
海洋面临着什么问题？ 29
词汇 30
答案 31
索引 32

海洋里生活着什么？

广阔无垠的海洋，覆盖了地球近十分之七的面积。极地海洋寒冷，热带海洋温暖，一些内陆海的盐度则非常高。从浅海水域到海底深处，海洋里栖息着多种多样的植物和动物。

海洋里生活着脊椎动物，例如：鱼、鲸鱼、海豹、海龟和海豚，等等。除此之外还有各种奇异的无脊椎动物，例如：螃蟹、龙虾、水母、乌贼、章鱼、海胆、海星和珊瑚，等等。

海岸泥沙中生活着什么？

在海岸的泥沙中生活的动物，大多数住在泥沙下的洞穴里。鸟蛤、蛤蜊、沙蚕在涨潮的时候也会躲在洞穴中，用身体里的小小管道汲取养料。

是对还是错？

老鼠能够生活在沙或泥中。这句话对吗？

（答案见第31页）

辣沟蛤用“脚”在沙里挖洞，再把自己埋起来。涨潮时，它从泥沙里向上伸出两根管道。一根管道用来吸进海水和食物，另一根则用来排出废物。

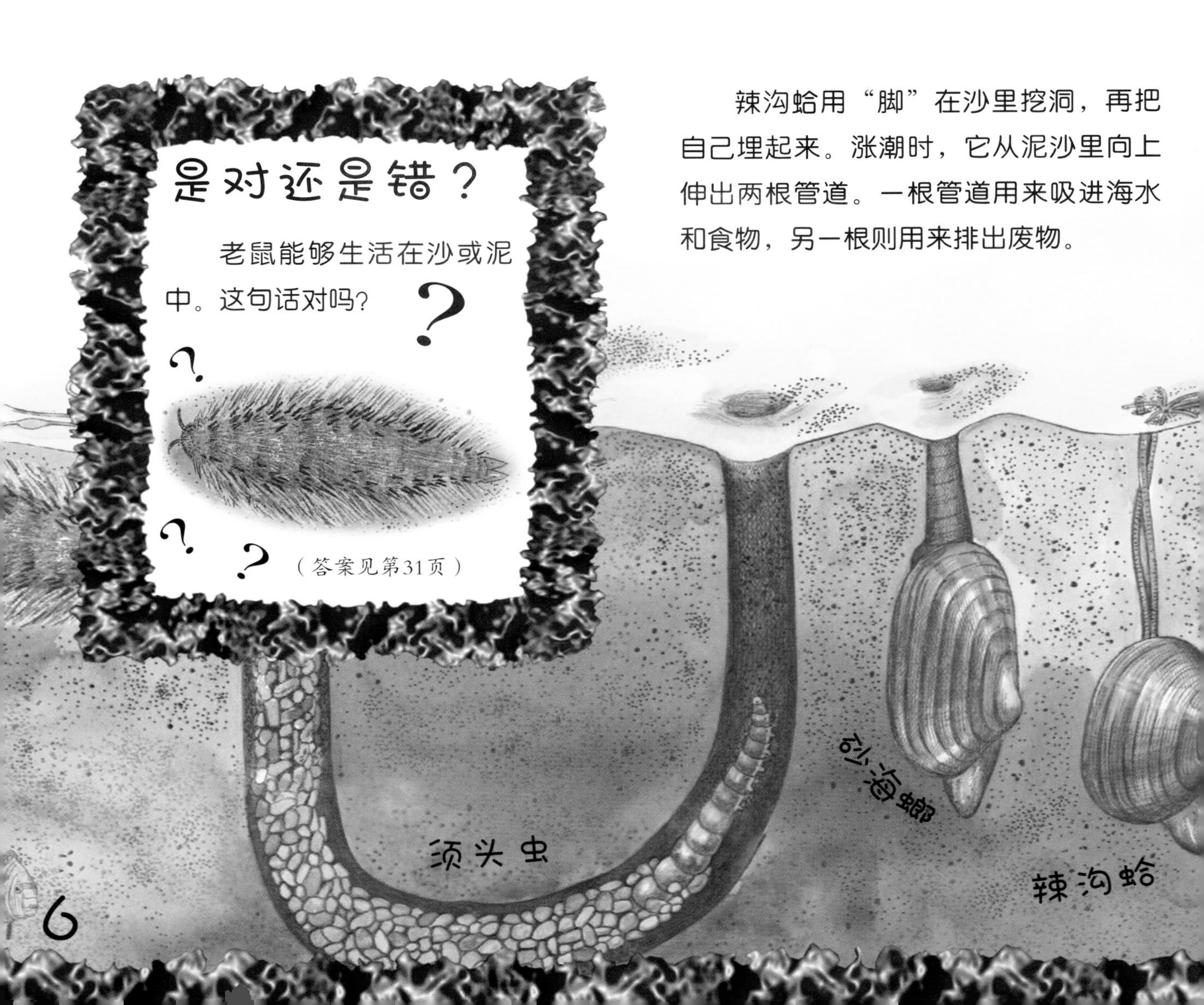

一些螃蟹在涨潮的时候会跑出来，在泥沙上面觅食，等到退潮的时候才回到洞穴中。

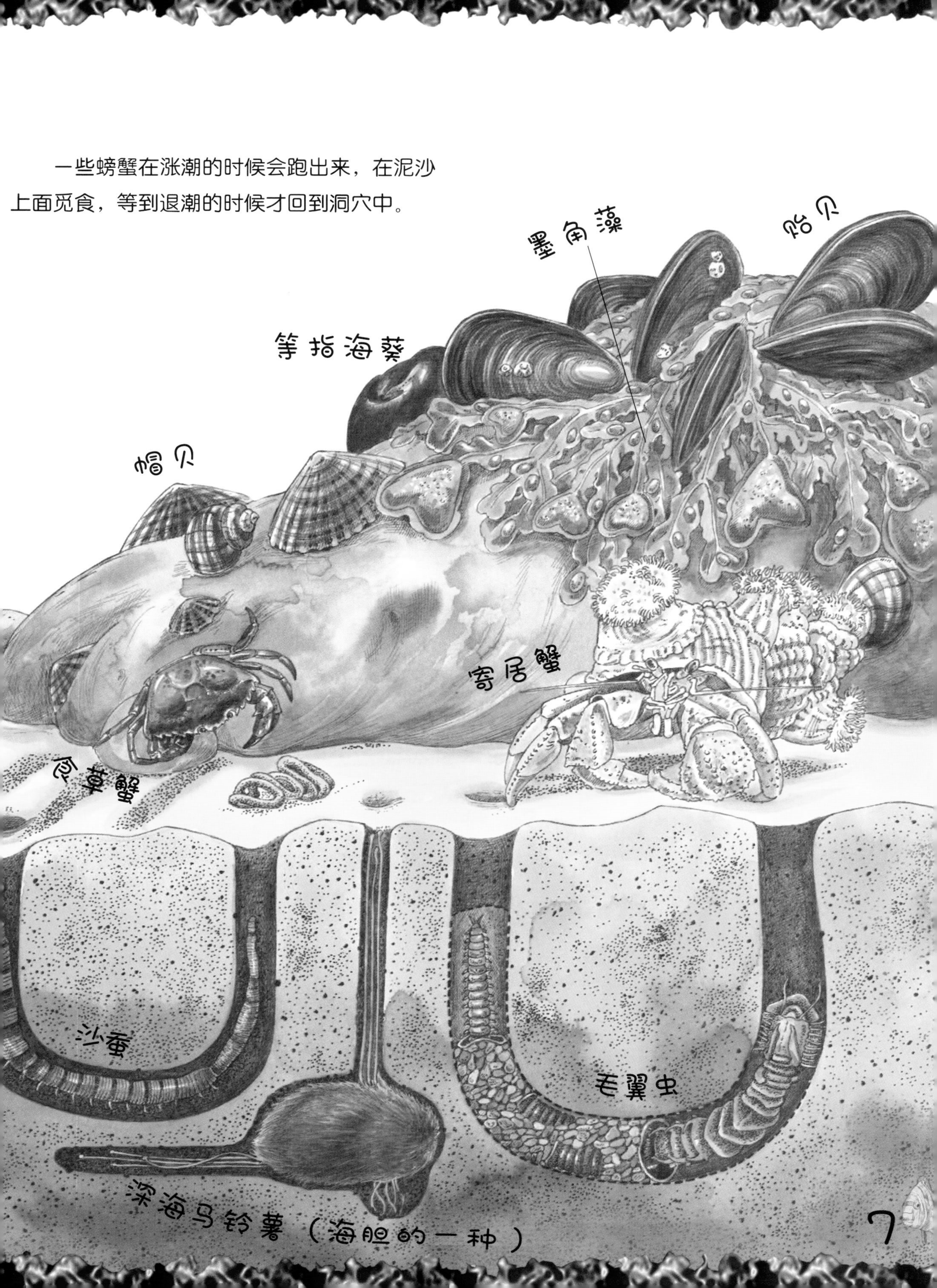

岩石上生活着什么？

在岩石海滩上，潮水潭里生命旺盛，是许多动物的庇护所。藤壶、帽贝、海葵和海藻紧紧地附着在岩石表面上。涨潮时，贻贝张开壳，从海水中摄取食物。

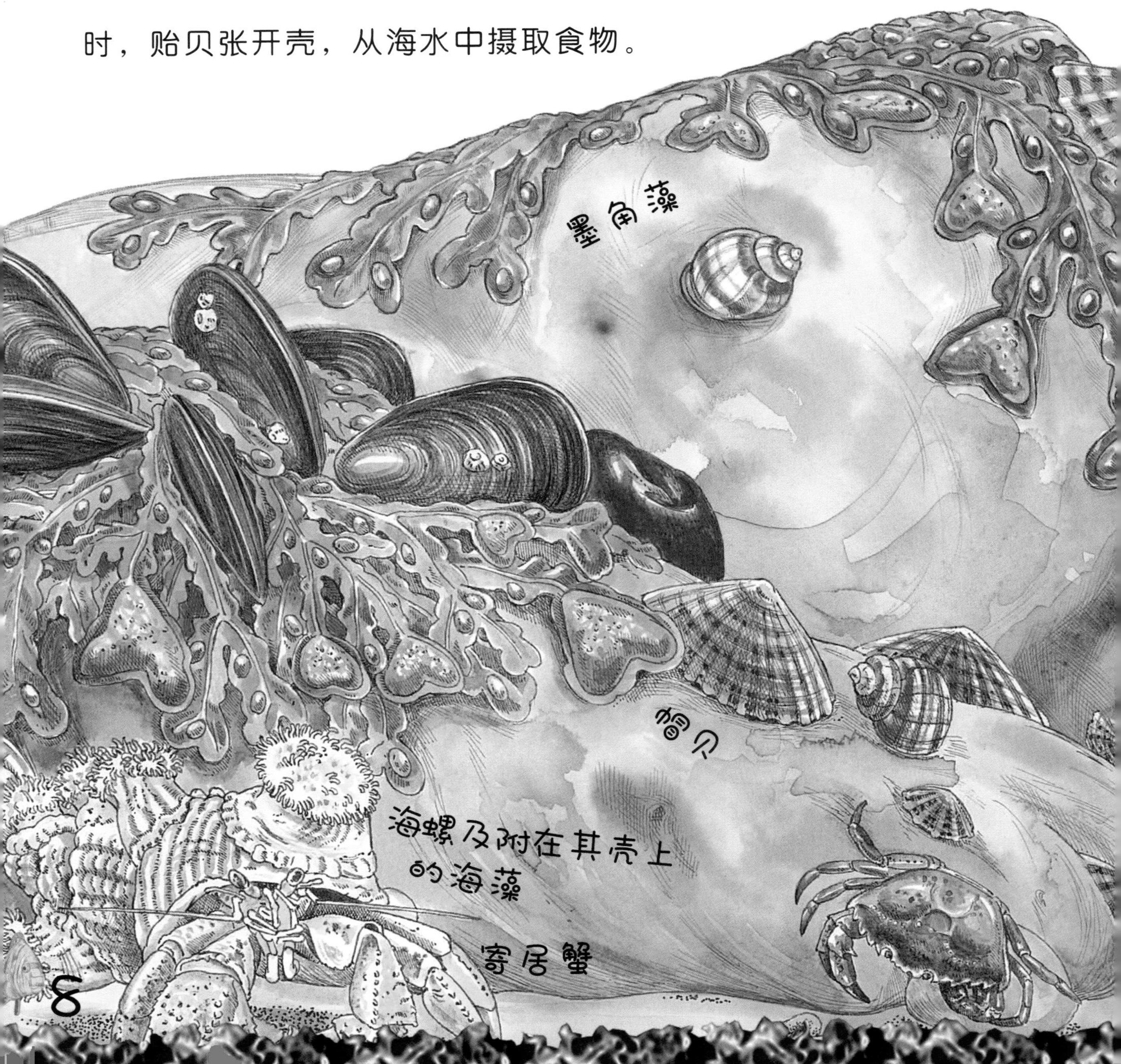

海星取食时，先将贻贝的壳掰开，再把壳内的软体消化掉。

接近海面的水层里生活着什么？

有光线的地方就有植物，海洋里的植物大多是藻类，在海底100米深处也有藻类分布。藻类上吸附着许多微小的生物，这些微小的植物和动物叫做浮游生物。浮游生物在海中漂浮，随波逐流。飞鱼、沙丁鱼、鲸鲨和体形巨大的滤食性鲸鱼以浮游生物为食。体形较小的鱼类，如鲱鱼、凤尾鱼，则被体形较大的鱼、海豹、海豚和鸟类猎食。

是对还是错？
水母以鱼类为食，身体由水组成。这句话对吗？
（答案见第31页）

聪明的海豚！

海豚是群居动物。它们主要以鱼和乌贼为食。海豚是非常聪明的动物，每头海豚都能发出自己独一无二的哨叫声和滴答声。大西洋海豚能够潜至海底300米深处，也能跳出水面6米高。

翻车鱼是世界上最重的多骨鱼，体重可达2 200千克。

海底生活着什么？

靠近陆地的临海水域较浅，主要覆盖着泥、沙和碎石。岩石上吸附着海绵、珊瑚、藤壶和海鞘等生物。离陆地越远，海洋越深，深海处有海底山脉、海底峡谷和海沟。

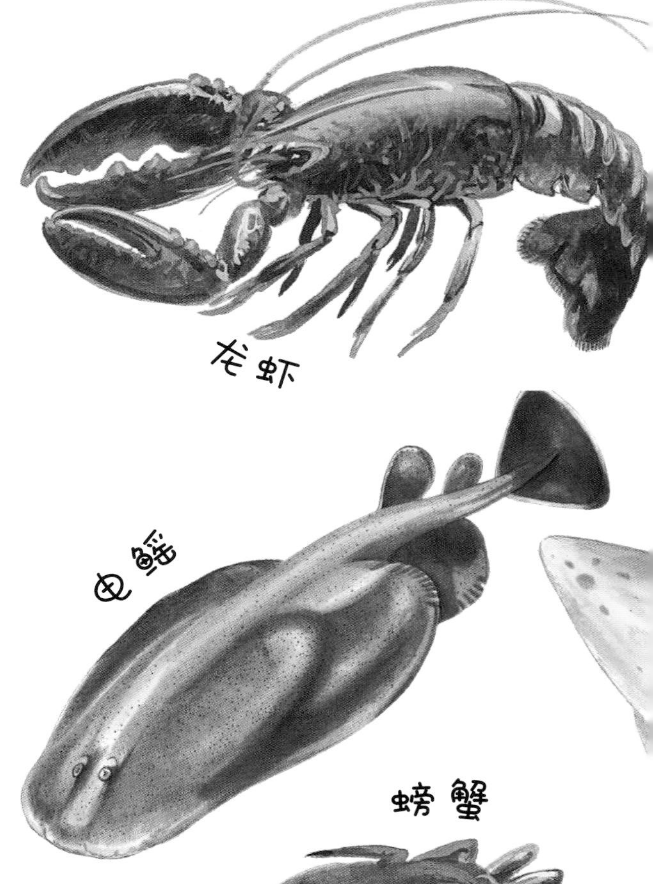

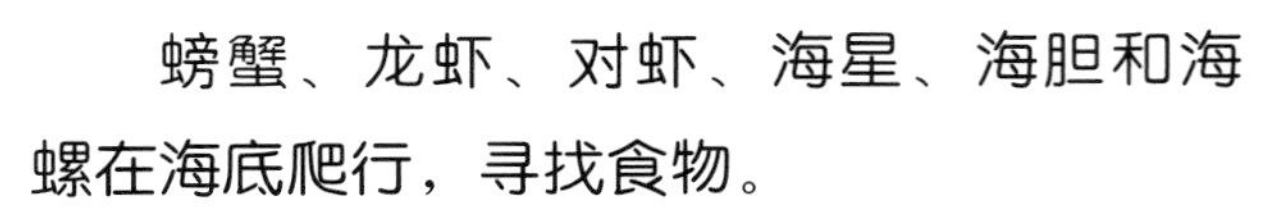

螃蟹、龙虾、对虾、海星、海胆和海螺在海底爬行，寻找食物。

是对还是错？

章鱼有两个心脏，在水中有敏锐的听力。这句话对吗？

（答案见第31页）

章鱼

大多数章鱼栖息在海底的洞穴中，主要在夜晚猎食。捕猎时，章鱼用腕抓住猎物，再用坚硬的口器将其咬死。章鱼的毒液可以软化猎物的身体，方便章鱼吸食。

乌贼

跟章鱼一样，乌贼也捕食各种海洋生物，从小虾、龙虾、帽贝和蠕虫，到大鱼，都是乌贼的猎物。乌贼甚至吃其他乌贼和章鱼。大王乌贼体长可达19.5米。

海洋深处生活着什么？

在100米以下的海洋深处，几乎没有光线能够到达，温度也极低。这里几乎没有植物能存活，许多动物要依靠从浅层沉落下来的食物为生。还有些动物需要游至有阳光的海域觅食。到了600米深处，海水冰冷，一片漆黑，水压巨大。

巨大的嘴!

深海食物匮乏，许多深海鱼类体形都很小。大多数深海鱼类，比如斧头鱼，进化出了适应深海生活的强壮颌部和又长又尖的牙齿。其他鱼类，比如宽咽鱼，则进化出了巨大的嘴，可以吞食体形比自己大的动物。

什么是珊瑚礁？

珊瑚礁是由一种叫做珊瑚虫的小型动物的钙质骨架堆积而成的。藻类、海绵、海葵和蛤蜊都靠珊瑚虫生活。珊瑚是许多动物的食物，也是多种生物生长栖息的地方。

鹦嘴鱼

珊瑚种类丰富，大小和颜色各不相同，不是所有的珊瑚都能形成珊瑚礁。鹦嘴鱼生长在珊瑚和岩石上的藻类为食。它的嘴坚硬且酷似鹦鹉的嘴，这样方便它将珊瑚的藻类刮下来吃。

海鳝

海鳝生活在温暖的热带海域，常常躲在珊瑚或者岩石的缝隙里。大多数海鳝在夜间猎食。它们主要的食物是鱼类，也吃其他鳝鱼、章鱼和龙虾等。

海洋里有哪些鱼？

鱼在水里用鳃呼吸。许多鱼的身体呈流线型，身上的鱼鳍有助于它保持身体平衡并协助游动。鲨鱼、旗鱼、剑鱼和吞拿鱼都是擅长游泳的猎食者。有的鱼单独活动，有的一大群一起活动。

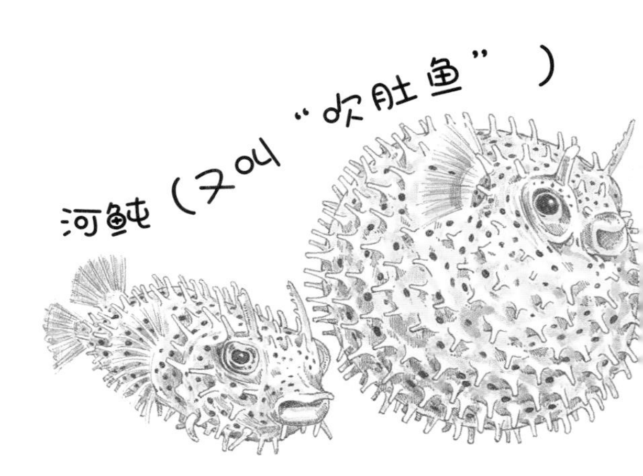

河鲀受到惊吓时，能快速吸气膨胀。膨胀后，河鲀背部的棘刺竖起，令掠食者难以吞食。

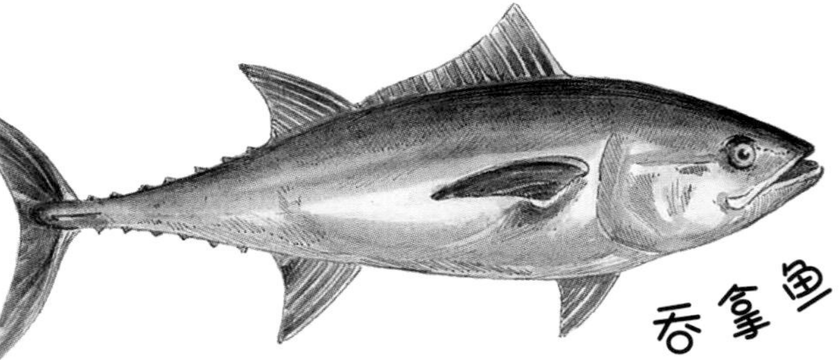

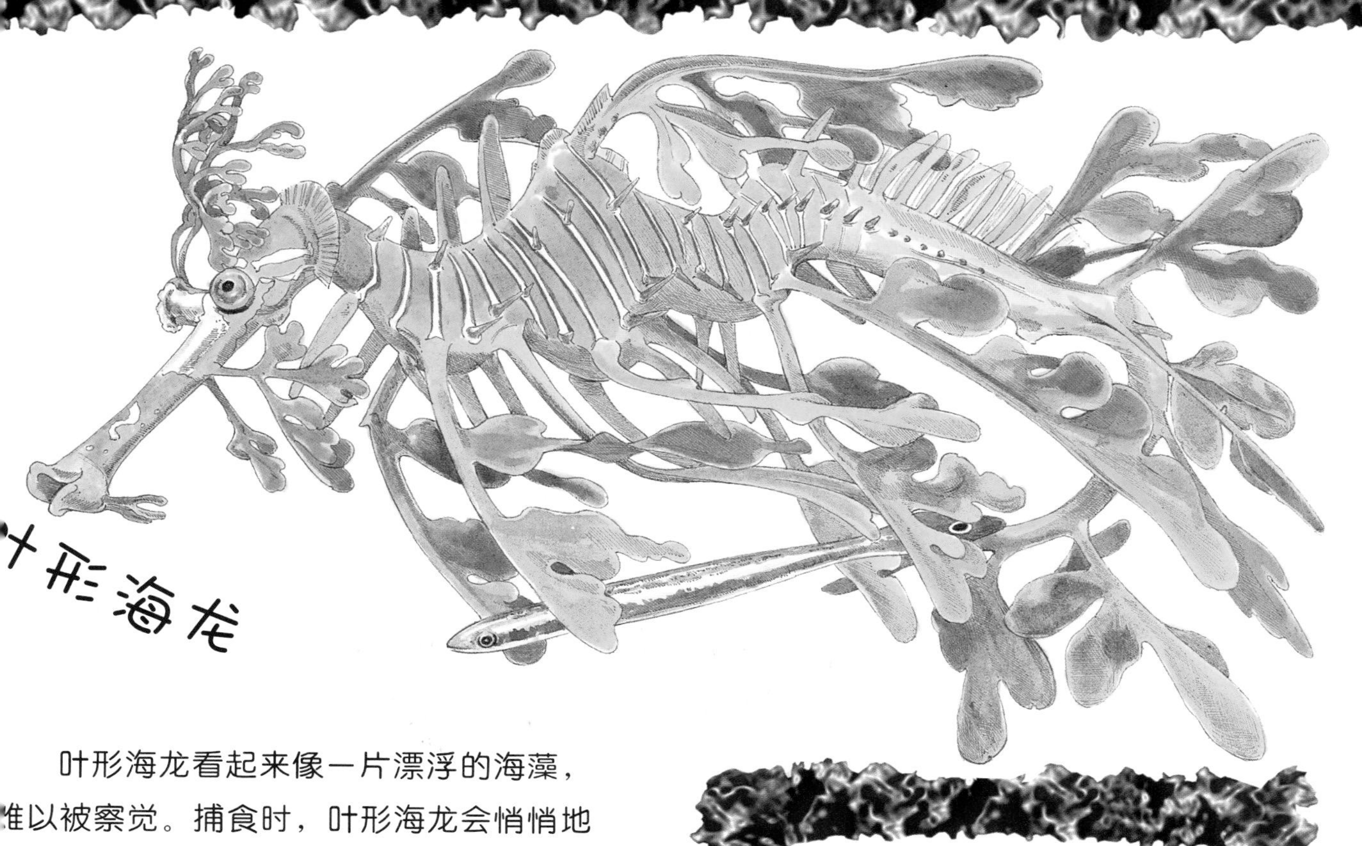

叶形海龙看起来像一片漂浮的海藻，难以被察觉。捕食时，叶形海龙会悄悄地伏在小虾背上，再用细长的口器把猎物吸进嘴里。

是对还是错？

有的鱼长着翅膀，还能飞。这句话对吗？

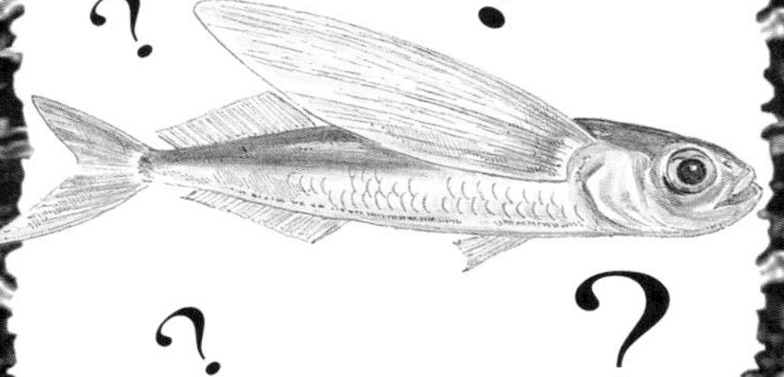

（答案见第31页）

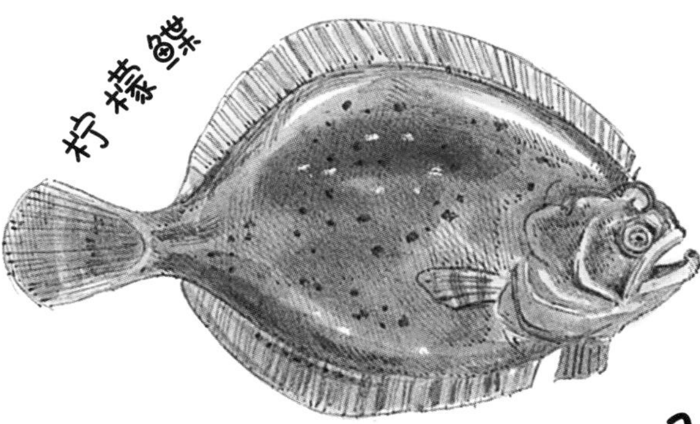

海洋里有哪些哺乳动物？

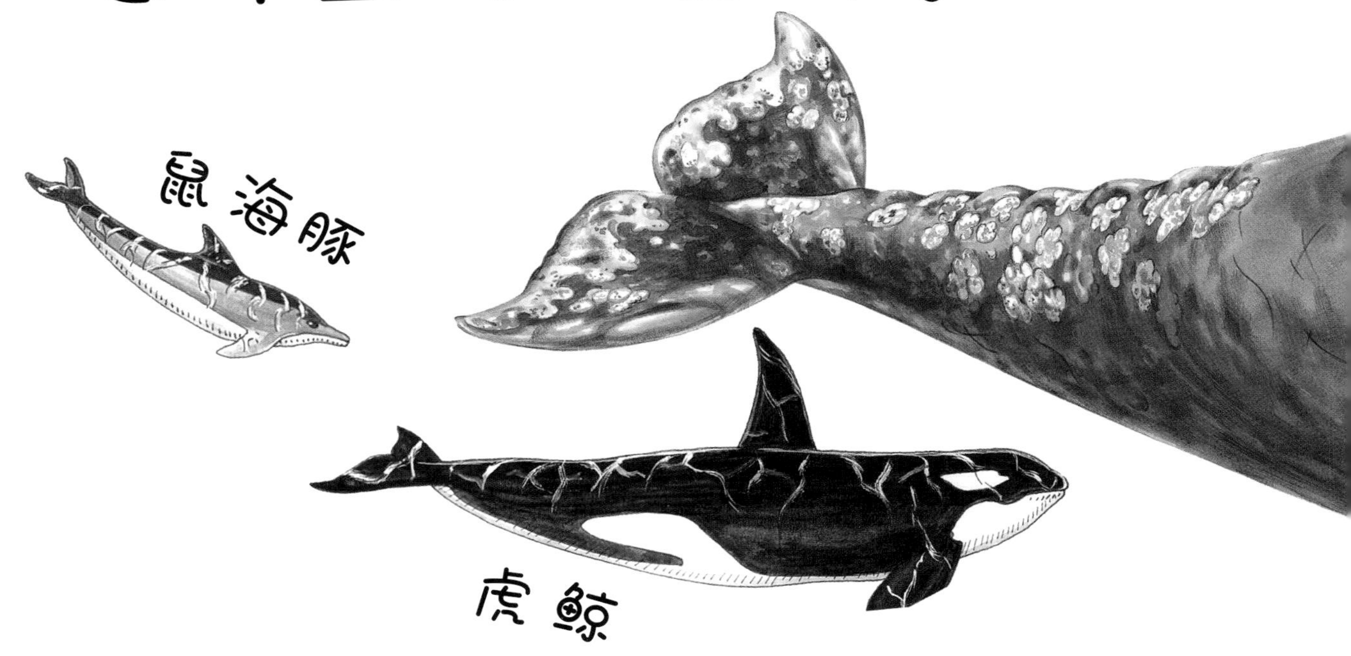

生活在海洋里的哺乳动物要时不时地浮出水面换气呼吸。海豹、海狮和海象属于有体毛的海洋哺乳动物。体形最小的海洋哺乳动物是海獭，体形最大的则是蓝鲸。

海豚、鼠海豚等其他齿鲸也属于哺乳动物。儒艮（gèn）和海牛是只吃植物的海洋哺乳动物，它们的主要食物是海草。

儒艮靠尾鳍和圆的前肢进行移动它的吻部朝下，有于摄食。

灰鲸身长可达15米，体重可达35吨。虽然体形庞大，但灰鲸的主食是栖息在海床的小型无脊椎动物。摄食时，灰鲸先吸入一大口泥沙，再通过鲸须板把泥沙过滤出去。

是对还是错？

海象利用獠牙来挖取食物。这句话对吗？

（答案见第31页）

海洋里有鸟类吗？

海洋里没有鸟类，但是许多鸟类依靠海洋生活。一些鸟类，比如信天翁、企鹅和海雀，几乎终生都在海洋上漂泊。企鹅是所有海鸟中最适应海洋的鸟类。它们没有翅膀，而是长着鳍状肢，能自如地在海里游泳和潜水，捕食猎物。

是对还是错？

海鹦的喙能储存30条鱼。这句话对吗?

（答案见第31页）

海鹦和海鸠等鸟类能够停留在水面上休息。

海鸥、燕鸥和海鸭在靠近陆地的海域觅食。鸬鹚等其他鸟类能扎进水里捕鱼。涉禽喜欢在退潮时的裸露海岸上觅食。

漂泊信天翁是鸟类中翼展最长的一种鸟，其翼展可达3.1米。信天翁几乎终生都在海上漂泊，只有繁殖时才会回到陆地。

什么是食物链？

食物链展示了从大到小的每种生物是如何获取食物的。地球上所有生物都要依靠彼此才能生存。

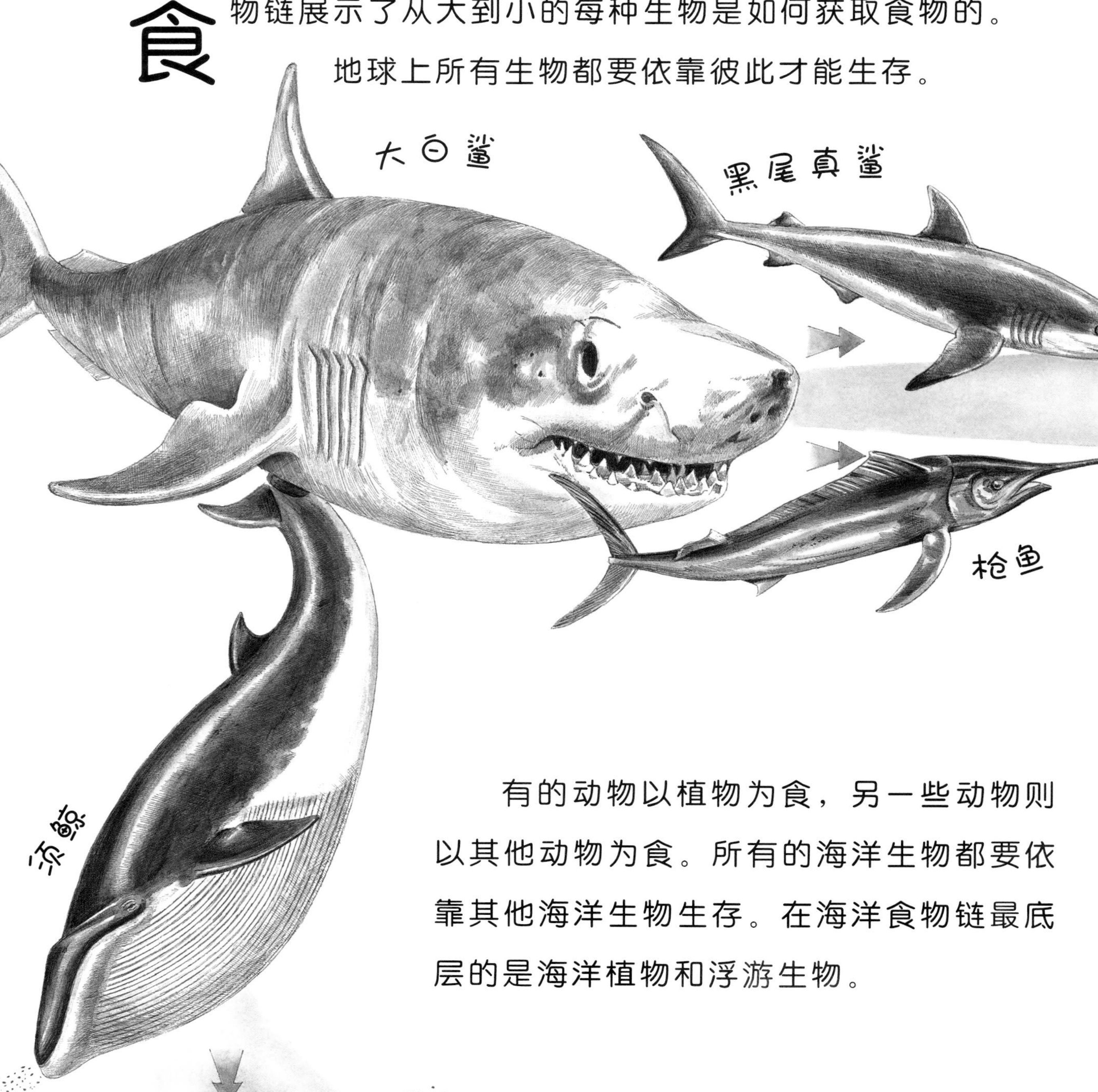

有的动物以植物为食，另一些动物则以其他动物为食。所有的海洋生物都要依靠其他海洋生物生存。在海洋食物链最底层的是海洋植物和浮游生物。

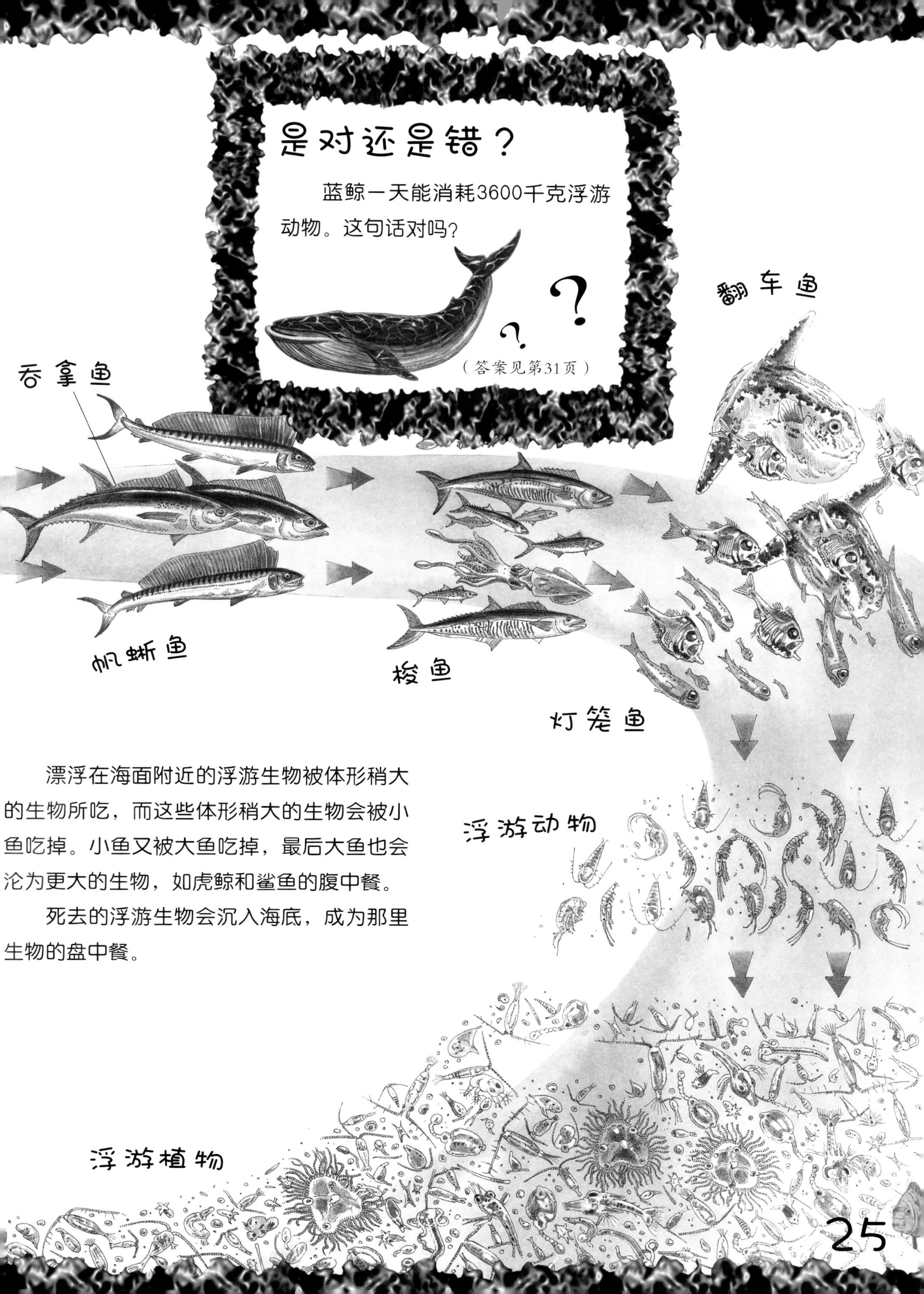

是对还是错？

蓝鲸一天能消耗3600千克浮游动物。这句话对吗？

（答案见第31页）

漂浮在海面附近的浮游生物被体形稍大的生物所吃，而这些体形稍大的生物会被小鱼吃掉。小鱼又被大鱼吃掉，最后大鱼也会沦为更大的生物，如虎鲸和鲨鱼的腹中餐。

死去的浮游生物会沉入海底，成为那里生物的盘中餐。

冰川下生活着什么？

北极和南极的海洋非常寒冷，盐度也很高。能够在那里生存的唯一一种植物是浮游植物，体形较小的磷虾就以这些浮游植物为食。

是对还是错？

虎鲸吃磷虾。这句话对吗？

（答案见第31页）

南极企鹅

企鹅只生活在南半球。左图所示的这些南极企鹅每年夏天会生产一到两只幼企鹅，企鹅父母会尽全力保护幼企鹅长大。南极企鹅通常一大群一起居住和繁殖，主要以鱼类和磷虾为食。

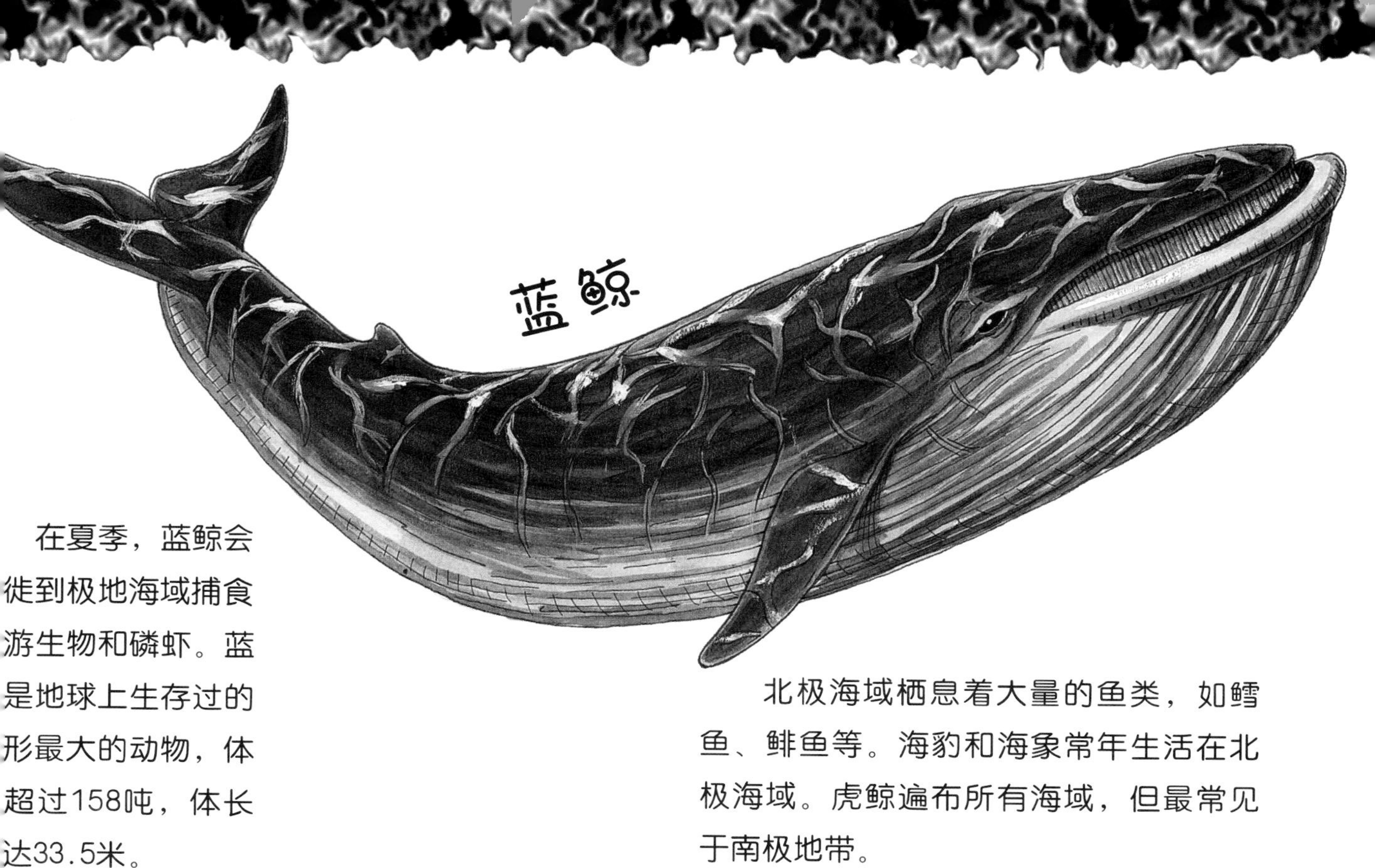

在夏季，蓝鲸会
徙到极地海域捕食
游生物和磷虾。蓝
是地球上生存过的
形最大的动物，体
超过158吨，体长
达33.5米。

北极海域栖息着大量的鱼类，如鳕鱼、鲱鱼等。海豹和海象常年生活在北极海域。虎鲸遍布所有海域，但最常见于南极地带。

什么是迁徙？

许多海洋生物在每年固定的时间，为了寻找食物或者繁衍后代，会进行有规律的迁移活动，这个过程就叫做迁徙。海龟、企鹅和海豹为了到陆地产卵或者生育，都要进行长距离的海上迁徙。

灰鲸

灰鲸是所有哺乳动物中迁徙距离最长的。它们每年的迁徙路线是从北冰洋到墨西哥，然后再返回，往返行程达22 500千米。

欧洲鳗鲡（mán lí）和美洲鳗鲡的迁徙距离长达5 000千米，横跨大西洋。鲑鱼会游回它自己的出生地进行繁殖，鲑鱼能够长距离地逆流游泳。

鲑鱼

海龟会回到陆地上产卵。很多酒店和房子建在沙滩上，毁掉了海龟用于筑巢产卵的场所。

海洋面临着什么问题？

我们的海洋正面临着危险。大型油轮产生的漏油、工厂和城市排出的废弃物，造成大量海洋生物死亡，珊瑚礁也遭受严重破坏。

人类过度捕捞，导致海洋鱼类数量不断减少。有一些海洋动物被船舶撞伤，还有一些被困在渔网中无法逃离。

词汇

巨乌贼

腔棘鱼

捕食　生物猎食的过程。

哺乳动物　全身披毛的恒温动物，通过分泌乳汁来给幼体哺乳。

齿鲸　口中生有牙齿而不是鲸须板的鲸类。

浮游生物　飘浮在阳光照射到的水域的体形微小的植物和动物。

脊椎动物　有脊椎骨的动物。

鲸须　某些鲸类口中的坚硬板片，用来滤食海水中的磷虾和浮游生物。

滤食动物　以过滤的方式摄食水中生物的动物。

群落　鲸鱼等其他海洋哺乳动物聚集而成的群体。

珊瑚虫　一种体形微小、身体柔软的无脊椎动物，有坚硬如岩石般的外壳。珊瑚虫通常结合成一个大群体一起生活。

无脊椎动物　没有脊椎骨的动物。

鱼鳍　大多数鱼类用于辅助游动的器官。

鱼鳃　鱼类用于水下呼吸的器官。

藻类　简单的植物，没有根、花朵或叶子。藻类常见于潮湿地区，海藻也属于藻类。

答案

第6页　正确！ 有一种浑身长毛的叫做海鼠的蠕虫生活在泥沙中，能吃下比它长两倍的其他虫类。

第10页　正确！ 水母体内98%是水。水母分布在所有海洋，通过触手捕食鱼类。

第12页　错误！ 章鱼有3个心脏。一个心脏向身体各处输送血液；另外两个经由鳃部输送血液。章鱼没有听力。

第15页　正确！ 许多深海鱼类能自己发光。深海鮟鱇鱼宽大的口上方有一个能发光的诱饵，用来引诱猎物。

第19页　错误！ 鱼不能飞。但是有一种叫做飞鱼的神奇鱼类，飞鱼的胸鳍修长，薄如翼，能够用于在水面短距离滑行。

第21页　错误！ 海象是用吻部在泥泞的洋底挖掘食物的。海象的獠牙用于在极地冰川上凿洞，以便觅食。雄海象的獠牙还可用于互相打斗。

第22页　正确！ 海鹦一次能抓捕多达30条小鱼，并将小鱼含在喙中带回供雏鸟食用。

第25页　正确！ 蓝鲸能潜到深海100米处觅食，一次吞入大量富含浮游生物的海水。然后它们将海水从鲸须板挤压排出。当口中的海水完全排出后，蓝鲸就把剩下的不能穿过鲸须板的浮游生物吞入腹中。

第26页　错误！ 虎鲸，又叫逆戟鲸、杀人鲸，以鱼类和其他海洋哺乳动物为食，比如海豹、海狮，甚至体形比它还大的鲸鱼。

锤头鲨

索引（按拼音首字母排序，粗体页码表示该页有关于该词的插图）

C
吹肚鱼　**18**

D
灯笼鱼　**25**
电鳐　**12**
对虾　12，**15**

F
帆蜥鱼　**25**
翻车鱼　**11**，**25**
飞鱼　10，**11**，**19**，31
浮游生物　10，25，31，
　24–25，26，27
蝠鲼　**2**
斧头鱼　**15**

G
蛤蜊　6
管虫　**17**
管口鱼　**17**
鲑鱼　**28**

H
海豹　10，20，**27**，28，29
海龟　**17**，28，**29**
海鸠　22
海葵　**7**，**8**，16
海蜘　**6**
海龙　**19**
海螺　**8**
海牛　20
海鸥　**11**，**23**
海鳝　17
海狮　20
海鼠　**6**，31
海豚　10，**11**，20
海象　20，**21**，27，31
海星　**9**，12，**16**
海燕　**27**
海鹦　**22**，31
海藻　**7**，**8**
河鲀　**18**
横带猪齿鱼　**18**
虎鲸　**20**，25，26，**27**，31

J
寄居蟹　**7**，**8**
剑鱼　18
鲸鲨　10
鲸须板　**21**
鲸鱼　10，20，**21**，**24**，**25**，
　27，**28**，31
巨口鱼　**15**

K
康吉鳗　**19**
宽咽鱼　**15**

L
辣沟蛤　**6**
磷虾　26，27
龙虾　**12**，13

M
鳗鲡　17，19，28
帽贝　**7**，**8**，13
墨角藻　**7**，**8**

N、P
逆戟鲸　31
鸟类　10，**22–23**
柠檬蝶　**19**
螃蟹　**7**，**8**，**12**，**23**

Q
企鹅　22，**26–27**，28
枪鱼　**11**，**24**
腔棘鱼　**30**
鲭鱼　**11**

R
儒艮　**20**
蠕虫　**7**，13

S
沙蚕　6，**7**
鲨鱼　10，**16**，18，**24**，25，31
珊瑚　12，**16–17**，29
深海马铃薯　**7**
神仙鱼　**17**
石鲈　**16**
食草蟹　**7**，**9**
鼠海豚　**20**
水母　**10**，**11**，31
梭鱼　**25**

T、W
吞拿鱼　**11**，**18**，**25**
乌贼　**13**，**15**，**30**

X
蝎子鱼　**19**
信天翁　22，**23**
须头虫　**6**

Y
燕鸥　23
叶形海龙　**19**
贻贝　**7**，8，**9**
鹦鹉螺　**2**
鹦嘴鱼　**16**，17

Z
藻类　10，16，17
章鱼　**12**，**13**

小丑鱼

鹦嘴鱼正在吃珊瑚上的藻类